QING SHAO NIAN KE XUE TAN SUO

青少年科学探索

U0598799

基础科学百科

张恩台 编著　丛书主编 郭艳红

植物:花花草草的知识

汕头大学出版社

图书在版编目（CIP）数据

植物：花花草草的知识 / 张恩台编著. -- 汕头：
汕头大学出版社，2015.3（2020.1重印）
（青少年科学探索营 / 郭艳红主编）
ISBN 978-7-5658-1637-6

Ⅰ. ①植… Ⅱ. ①张… Ⅲ. ①植物－青少年读物
Ⅳ. ①Q94-49

中国版本图书馆CIP数据核字（2015）第025978号

植物：花花草草的知识　　　　ZHIWU：HUAHUACAOCAO DE ZHISHI

编　　著：张恩台
丛书主编：郭艳红
责任编辑：胡开祥
封面设计：大华文苑
责任技编：黄东生
出版发行：汕头大学出版社
　　　　　广东省汕头市大学路243号汕头大学校园内　邮政编码：515063
电　　话：0754-82904613
印　　刷：三河市燕春印务有限公司
开　　本：700mm×1000mm 1/16
印　　张：7
字　　数：50千字
版　　次：2015年3月第1版
印　　次：2020年1月第2次印刷
定　　价：29.80元
ISBN 978-7-5658-1637-6

前言

　　科学探索是认识世界的天梯，具有巨大的前进力量。随着科学的萌芽，迎来了人类文明的曙光。随着科学技术的发展，推动了人类社会的进步。随着知识的积累，人类利用自然、改造自然的的能力越来越强，科学越来越广泛而深入地渗透到人们的工作、生产、生活和思维等方面，科学技术成为人类文明程度的主要标志，科学的光芒照耀着我们前进的方向。

　　因此，我们只有通过科学探索，在未知的及已知的领域重新发现，才能创造崭新的天地，才能不断推进人类文明向前发展，才能从必然王国走向自由王国。

　　但是，我们生存世界的奥秘，几乎是无穷无尽，从太空到地球，从宇宙到海洋，真是无奇不有，怪事迭起，奥妙无穷，神秘莫测，许许多多的难解之谜简直不可思议，使我们对自己的生命现象和生存环境捉摸不透。破解这些谜团，有助于我们人类社会向更高层次不断迈进。

　　其实，宇宙世界的丰富多彩与无限魅力就在于那许许多多的难解之谜，使我们不得不密切关注和发出疑问。我们总是不断地去认识它、探索它。虽然今天科学技术的发展日新月异，达到了很高程度，但对于那些奥秘还是难以圆满解答。尽管经过古今中外许许多多科学先驱不断奋斗，一个个奥秘被不断解开，推进了科学技术大发展，但随之又发现了许多新的奥秘，又不得不向新问题发起挑战。

宇宙世界是无限的，科学探索也是无限的，我们只有不断拓展更加广阔的生存空间，破解更多的奥秘现象，才能使之造福于我们人类，我们人类社会才能不断获得发展。

为了普及科学知识，激励广大青少年认识和探索宇宙世界的无穷奥妙，根据中外最新研究成果，编辑了这套《青少年科学探索营》，主要包括基础科学、奥秘世界、未解之谜、神奇探索、科学发现等内容，具有很强系统性、科学性、可读性和新奇性。

本套作品知识全面、内容精炼、图文并茂，形象生动，能够培养我们的科学兴趣和爱好，达到普及科学知识的目的，具有很强的可读性、启发性和知识性，是我们广大青少年读者了解科技、增长知识、开阔视野、提高素质、激发探索和启迪智慧的良好科普读物。

目　录

1

树中的"巨人"

　　20世纪70年代，在我国云南省西双版纳热带密林中发现了一种擎天巨树，它那秀美的姿态，高耸挺拔的树干，昂首挺立于万木之中，使人无法望见它的树顶，甚至灵敏的测高器在这里也无济于事。因此，人们称它为望天树。当地傣族人民称它为"伞树"。

　　望天树一般可高达60米左右。人们曾对一棵望天树进行测量和分析，发现望天树生长相当快，一棵70岁的望天

树，竟高达50多米，有的甚至高达80米，胸径一般在1.3米左右，最大可达3米。这些世上罕见的巨树，棵棵耸立于沟谷雨林的上层，一般要高出第二层乔木20多米，真有直通九霄、刺破青天的气势！

望天树属于龙脑香科柳安属。柳安属家族中共有11名成员，大多居住在东南亚一带。望天树只生长在我国云南省，是我国特产的珍稀树种。望天树高大通直，叶互生，有羽状脉，黄色花朵排成圆锥花序，散发出阵阵幽香。

望天树一般生长在700米至1000米的沟谷雨林及山地雨林中，形成独立的群落类型，展示着奇特的自然景观。因此，学术界把它视为热带雨林的标志树种。

望天树材质优良，生长迅速，经济价值很高，一株望天树的主干材积可达10.5立方米，单株年平均生长量0.085立方米。因此是很值得推广的优良树种。

望天树木材中含有丰富的树胶，花中含有香料油。由于望天树具有如此高的科学价值和经济价值，但它的分布范围极其狭窄，所以被列为我国一级保护植物。

望天树还有一个极亲的"孪生兄弟"，名为擎天树。

擎天树其实是望天树的变种，也是在20世纪70年代发现的。

擎天树的外形与望天树极其相似，高达60米至65米，光枝下

高就有30多米。其材质坚硬，耐腐性强，而且刨切面光洁，纹理美观，具有极高的经济价值和科学研究价值。擎天树仅仅生长在广西壮族自治区的弄岗自然保护区，因此受到严格的保护。

延 伸 阅 读

在西西里岛的埃特纳山边，有一棵叫"百马树"的大栗树，树干的周长竟有55米左右，需30多个人手拉着手才能围住它。树下部有大洞，采栗的人把那里当宿舍或仓库用。这可以说是世界上最粗的树。

古老的珙桐

　　珙桐是第四纪冰川南移时幸存的"遗老"，作为我国特有的树种，有"植物活化石"，"绿色大熊猫"之称，是国家一级濒危保护野生植物。每到春末夏初，珙桐树含芳吐艳，其白色的花形如飞鸽展翅，整树犹如群鸽栖息，因此，被称为"鸽子树"，

寓意"和平友好"。

珙桐为落叶乔木。可生长到15~25米高，叶子广卵形，边缘有锯齿。本科植物只有一属两种，两种相似，只是一种叶面有毛，另一种是光面。花奇色美，是1000万年前新生代第三纪留下的孑遗植物，在第四纪冰川时期，大部分地区的珙桐相继灭绝，只有在中国南方的一些地区幸存下来，成为了植物界今天的"活化石"。

这些远古年代的遗物，就像地层中的古生物化石一样，能帮助人们了解地球、地质、地理、生物等许多奥秘。

珙桐喜欢生长在海拔700~1600米的深山云雾中，要求较大的空气湿度。喜中性或微酸性腐殖质深厚的土壤，在干燥多风、日光直射之处生长不良，不耐瘠薄，不耐干旱。珙桐的幼苗生长缓慢，喜阴湿，成年树趋于喜光。珙桐的花序直径约有0.02米，它们处于白色苞片的包围之中，微风吹来，人们只看到鸽子般展翅的苞片，却忽略了花序的存在。珙桐的果实成熟时，颇像一个个尚未成熟的鸭梨，因此，在产珙桐的地方，珙桐又被叫做水梨子或木梨子。

珙桐分布区的气候为凉爽湿润型，湿潮多雨，夏凉冬季较温和，年平均气温8.9～15℃，珙桐分布区的土壤多为山地黄壤和山地黄棕壤，pH在4.5～6.0，土层较厚，多为含有大量砾石碎片的坡积物，基岩为沙岩、板岩和页岩。一般生长在深切割的山间溪沟两侧，山坡沟谷地段，山势非常陡峻，坡度约在30°以上。

珙桐的树形优美，是一种很好的绿化树种。珙桐枝叶繁茂，叶大如桑，花紫红色，由多数雄花与一朵两性花组成顶生的头状花序，宛如一个长着"眼睛"和"嘴巴"的鸽子脑袋，花序基部两片大而

洁白的总苞，则像是白鸽的一对翅膀，黄绿色的柱头像鸽子的嘴喙。当珙桐花开时，张张白色的总苞在绿叶中浮动，犹如千万只白鸽栖息在树梢枝头，振翅欲飞。

延 伸 阅 读

　　19世纪末，珙桐被引种到法国，以后又到了英国及其他国家。如今在瑞士的日内瓦市，人们常在庭院里栽种珙桐，每到花开季节，珙桐花香袭人，引得不少游人流连忘返。

长"面包"的树

在非洲的热带草原上，生长着一种形状奇特的大树，一位19世纪的博物学家是这样描写它的："由于树干庞大，当它落叶后憔悴而光秃秃地站在那里，仿佛中风病人伸展开臃肿的手指。"

另一个探险者则描写道："半兽半人一样的树，像一个头披白发、脑袋斜歪而且挺着大肚皮的老妖怪，皮如犀牛，无数细枝恰似手指紧紧抓住天空。"

　　这种树的学名叫做波巴布树，由于猴子和狒狒都喜欢吃它的果实，所以人们又称它为"猴面包树"。猴面包树属木棉种植物，树干高20米左右，而胸径可达15米以上，往往要40个成年人拉手才能合抱。树冠的直径可达50米以上。

　　由于它看上去活像个大胖子，因此当地居民又称它为"大胖子树"、"树中之象"。

　　猴面包树的神奇之处就在于，它的果实在成熟时摘下来，放在火上烤熟之后，就像面包一样可以直接充饥。

　　猴面包树的故乡在干旱的非洲。为了减少水分的蒸发，它的枝头经常是光秃秃的，一旦雨季来临，它就利用自己粗大的身躯拼命贮水，一棵猴面包树能贮几千千克甚至更多的水，简直成了荒原的贮水塔。

　　当它吸饱了水分，便会长出叶子　开出很大的白色的花。在热带草原旅行的人们干渴难耐时，只要找到它，就可以从树身上吸水得以解救。为此，人们又叫它"生命树"。

猴面包树的果实为长椭圆形，灰白色，长30—35厘米，纵切面约15—17厘米。果肉多汁，含有有机酸和胶质，吃起来略带酸味。既可生吃，又可制作清凉饮料和调味品。在果肉里包裹有很多种子，种子含油量高达15％，榨出的油为淡黄色，是上等食用油。种子还可与杂粮混合食用。

猴面包树的木质又轻又软，完全没有木材利用价值。但有趣的是，当地居民常把树干的中间掏空，搬进去居住，形成一种非常别致的大自然"村舍"。也有的居民将掏空的树干作为畜栏或贮水室、储藏室。

令人奇怪的是，在猴面包树洞里贮存食物，可以放置很长时间，既不会腐烂，也不会变质。

猴面包树还是有名的长寿树，即使在热带草原那种干旱的恶劣环境中，其寿命仍可达5000年左右。

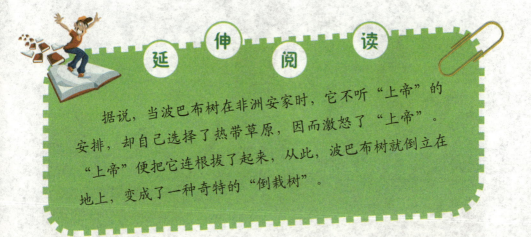

延 伸 阅 读

据说，当波巴布树在非洲安家时，它不听"上帝"的安排，却自己选择了热带草原，因而激怒了"上帝"。"上帝"便把它连根拔了起来，从此，波巴布树就倒立在地上，变成了一种奇特的"倒栽树"。

植物的活化石银杏树

银杏，是一种有特殊风格的树，叶子夏绿秋黄，像一把把打开的折扇，形状别致美观。

两亿年以前，地球上的欧亚大陆到处都生长着银杏类植物，是全球中最古老的树种。在200多万年前，第四纪冰川出现，大部

分地区的银杏毁于一旦，残留的遗体成为了印在石头里的植物化石。

在这场大灾难中，只有我国保存了一部分活的银杏树，绵延至今，成了研究古代银杏的活教材。所以，银杏是一种全球古老的孑遗植物，被人们称为"世界第一活化石"。

银杏是一种难得的长寿树。在我国不少地方都有银杏古树，特别是在一些古刹寺庙周围，常常可以看见数百年和千年以上的大树如江西省庐山黄龙寺的黄龙三宝树，其中一棵是银杏，直径近两米；北京潭拓寺的银杏更是年逾千岁。

世界上最长寿的银杏树，应数我国山东省莒县定林寺中的大

银杏，树高24.7米，胸径15.7米，树冠荫地200平方米。现在我国仍可以找到天然的银杏林。这些都证明我国是银杏树的老家。

银杏树在200多年前传入欧美各国，许多著名的

植物园都以栽种"世界第一活化石"而无比荣耀。

银杏树是裸子植物银杏科中存留下来的唯一一种，雌雄异株。

银杏树的枝、叶形态及扇状叶脉等特点，都与其他较进化的裸子植物不同，是现存裸子植物中最古老的一属。它的种子成熟时橙黄如杏，外种皮很厚，中种皮白而坚硬，故有"白果"之称。

银杏树种子的种仁可作为药用，有润肺、止咳的功效。它的枝叶含有抗虫毒素，能防虫蛀，所以在书中放一片银杏叶可以祛除书蠹虫。

银杏叶中还含有一种叫银杏黄酮的化学物质，它能降低胆固醇，改善脑血管的血液循环，具有防

治脑动脉硬化、血栓形成等作用。

因此，银杏叶提取物是当今国际上心脑血管保健药物中新的一族，特别是在欧美市场上最为盛行。

延 伸 阅 读

银杏树又名白果树，生长较慢，寿命极长，自然条件下，银杏从栽种至结果要20多年，40年后才能大量结果，因此别名"公孙树"，有"公种而孙得食"的含义，是树中的老寿星。银杏树具有欣赏、经济、药用价值，全身是宝。

刀枪不入的神木

　　世界上的木材有软有硬，人们把坚硬无比的木材喻为神木。"神木"生长在俄罗斯西部沃罗涅日市郊外。

　　说起神木的神奇之处，还得从300多年前发生的一场著名海战说起。

　　1696年，在当时沙皇俄国和土耳其交界的亚速海海面上，爆发了一场激烈的海战。

　　海面上炮声隆隆，杀声震天。沙俄彼得大帝亲自率领的一支舰队，向实力雄厚的土耳其海军舰队发起了进攻。

　　只见硝烟滚滚，火光冲天。当时的战舰都是木制的，交战中不少木船中弹起火，带着浓烟和烈火，纷纷沉下海去。

　　由于沙俄士兵骁勇善战，土耳其海军慢慢支持不住了。狡猾的土耳其海军在逃跑之前，集中了所有的大炮，向彼得大帝的指挥舰猛轰。

　　顿时，炮弹像雨点一样落到甲板上，有几发炮弹直接打中了悬挂信号旗、观测台的船桅。土耳其人窃喜，他们以为这一下定能把指挥舰击沉，俄国人一定会惊惶失措，不战自溃的。

　　不料这些炮弹刚碰到船体就反弹开去，"扑通、扑通"地掉到海里，桅杆连中数弹，竟一点也没有受损！土耳其士兵吓得呆若木鸡，还没等他们明白过来，沙俄船舰就排山倒海般冲过来，土耳其海军一个个当了俘虏。这场历史上有名的海战使俄国海军的威名传遍了整个欧洲。

彼得大帝坐的船为什么不怕土耳其的炮弹？是用什么材料做的？原来，这艘战舰就是用沃罗涅日的神木做成的。神木为什么会这么坚固？

20世纪70年代，前苏联科学家揭开了"神木"的神秘面纱。谢尔盖博士先检测了这种木头的硬度。在靶场里，他对着2000多个"神木"靶子发射了数万发子弹，结果发现只有极少数子弹能够穿透靶子。这让谢尔盖博士感到非常惊异。

此后，谢尔盖又在一个密封的池子里投入了多个"神木"木块，3年后，当他打开水池时，发现所有的木块都完好无损，没有

一块发生霉变。

后来，谢尔盖又将这些木块投入一个温度高达300摄氏度的炉子中，一小时后，这些木块竟然原封不动地出现在他的面前。

为了找到原因，谢尔盖在显微镜下仔细观察了"神木"的木纤维。

结果发现，在这些木纤维的外面，包裹着一层表皮细胞分泌的半透明胶质，这种胶质含有铜、铬、钴离子以及一些氯化物，遇到空气会迅速变硬，所以"神木"才会坚硬如铁，不怕子弹，不怕火烧。

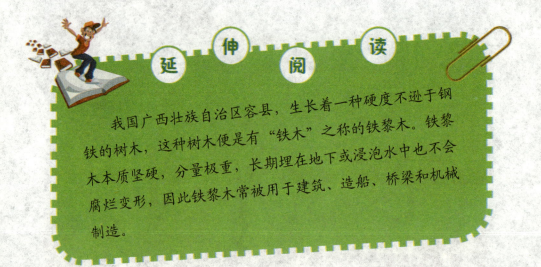

延 伸 阅 读

我国广西壮族自治区容县，生长着一种硬度不逊于钢铁的树木，这种树木便是有"铁木"之称的铁黎木。铁黎木本质坚硬，分量极重，长期埋在地下或浸泡水中也不会腐烂变形，因此铁黎木常被用于建筑、造船、桥梁和机械制造。

神奇的"酒树"

在南非有一种名叫玛努力拉的树木，它长着肥大的掌状叶片。这种树所结出的果实味道甘醇，颇有"米酒"的风味。由于果实含糖量高，常会受到大象的特别关照。

有趣的是，由于非洲象的胃内温度很适合酿酒酵母菌的生长，因而许多大象在暴食了这种"酒果"之后，往往会酒疯大发：有的狂奔不已，横冲直撞；有的拔起大树，毁坏汽车；更多

的是东倒西歪，呼呼大睡。

这个故事已广为人知，后来南非人就用玛努力拉的果实制成了一款甜酒。

据研究表明，玛努力拉的果实里确实有让人兴奋的成分，当地人采集它的果肉酿成酒，再蒸馏成类似于白兰地口味的酒，然后加上玛努力拉果实的鲜榨汁和牛奶脂，混合成了独具南非特色的"大象酒"。

大象酒的酒精含量为17％，看起来很像奶油与咖啡的混合物。南非人爱在酒里加冰块，轻轻喝一口，一股甜甜黏黏的酒精芳香和一股咖啡味，让人回味无穷。

在非洲津巴布韦的怡希河西岸也生长着一种著名的"酒树"，即休洛树。休洛树能常年分泌出一种香气扑鼻而且含有强烈酒精气味的液体，这种树分泌的液体已成为当地人的天赐美酒。

　　在坦桑尼亚的蒙古拉大森林中，有一种奇特的小青竹，它能产出醇厚芳香的美酒，所以当地居民称它"酒竹"。当人们想喝竹酒时，就把竹尖削去，再把竹子放置在酒瓶里，第二天早上，瓶子里便装满了乳白色的竹酒。这种竹酒含酒精30度左右，不仅味道纯正，芳香扑鼻，清香可口，而且有解暑清心、消烦止渴和强身健胃的作用，是不可多得的佳品。

　　因此，当地人十分喜欢这种竹酒，并常用这种别具风味的美

酒款待挚友亲朋，就是在盛大的节日里或喜庆的宴席上，也少不了这种竹酒佳酿。

我国浙江省黄岩地区也有棵神奇的桂花"酒树"，散发着若隐若现的酒香，它是大自然的造化。这就是在金山陵酒业有限公司生产厂区里的一株桂花树。走近看，这棵桂花树的枝叶上，密密地覆盖着一层黑色的"酒菌"。

不仅这棵桂花树如此，随着半个多世纪的酒香沉淀，这片土地的一草一物都散发出了白酒独特的酒香。

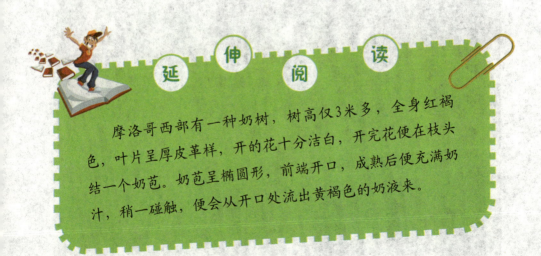

延 伸 阅 读

摩洛哥西部有一种奶树，树高仅3米多，全身红褐色，叶片呈厚皮革样，开的花十分洁白，开完花便在枝头结一个奶苞。奶苞呈椭圆形，前端开口，成熟后便充满奶汁，稍一碰触，便会从开口处流出黄褐色的奶液来。

旅行者的救命天使

在南美洲的巴西高原上，生长着一种中间粗、两头细、树身像萝卜的树，这种树名叫"纺锤树"。每当雨旱交接时，纺锤树顶端枝条上的绿叶就会凋零，然后开放出一朵朵红花。这时看上去又像一个插有鲜花的巨大花瓶。所以又被称作"瓶子树"。

纺锤树有30米高，中间最粗的地方直径可达5米。纺锤树为了在干旱季节减少体内水分的蒸发和损失，只长了稀疏的枝叶。

每到雨季，它的根就像无数条吸水管，尽情地吮吸着雨水，并把多余的雨水贮藏在胖胖的树干里。一株纺锤树经过一个雨季以后，一般可以贮存两吨多水。这时纺锤树就像一座绿色的水塔，再也不用担心旱季来临了。

纺锤树之所以长成这种奇特的模样，跟它生活的环境有关。巴西北部的亚马孙河流域，炎热多雨，为热带雨林区；南部和东部，一年之中旱季较长，气候干旱，土壤非常干燥，为草原带。处在热带雨林和草原之间的地带，一年里既有雨季，也有旱季，但是雨季较短。

纺锤树就生活在这个中间地带。它的生态与这个特定的环境相适应。旱季落叶或在雨季萌出稀少的新叶，都是为了减少体内

水分的蒸发与损失。人们常砍纺锤树作为饮水的来源。若以每人平均每天饮水6升计算，砍一棵树几乎可供4口之家饮用半年。

在澳大利亚干旱的沙漠中，也有一种生命力特强的巨瓶树，每棵树树干可储水40升至60升。

这种树在澳大利亚中部草原和沙漠随处可见，而它的这个特性则为沙漠中的人类带来了很多生的希望。

人在沙漠旅行时，如果口渴，只需要用小刀在巨瓶树的肚子上挖一个小洞，清泉便喷涌而出。怪不得享用过这种水的人们说：巨瓶树与生命同在，只要有巨瓶树，在沙漠旅行就不怕没水。看来它真是沙漠旅行者的救命天使啊！

延 伸 阅 读

旅人蕉，原产于马达加斯加。它不仅可为人们遮挡烈日强光，还是天然的饮水站，只要划开一个小口子，汁液便立刻涌出。奇特的是，这个小口会自动关闭，一天后又可为旅行者提供饮水。因此，人们又称它为"救命之树"。

贵如黄金的可可树

　　可可是梧桐科常绿乔木，高12米左右。叶长0.2米至0.3米，呈长椭圆形。早在哥伦布发现美洲之前，玛雅人和阿兹特克人，已经知道可可豆的用途。他们不仅将可可豆做成饮料，更用它作为交易媒介。

　　可可树遍布热带潮湿的低地，常见于高树的树荫处。树干坚实，枝叶伸展如伞盖。花粉红色，小而有臭味，直接生在枝干上。果实长椭圆形，成熟时像橄榄球那样挂在茎干上。可可豆营养丰

富，含有很多蛋白质、脂肪、淀粉和少量可可碱，可磨成粉。

16世纪，可可豆传入欧洲，精制成可可粉和巧克力，还提炼出可可脂。16世纪末，当时的西班牙政府建立了世界上第一家巧克力工厂，可是刚开始有些贵族并不愿意接受可可做成的食物和饮料，英国的一位贵族甚至把可可看做是"从南美洲来的痞子"。

可可具有很高的营养价值，其主要成分是可可脂、可可碱和咖啡因，即碳水化合物、脂肪、蛋白质和矿物质镁、钾以及生物碱等含量都较高。可可豆是制作巧克力的主要原料，也有其半制成品和制成品。如碎可可、可可浆、可可液或汁、可可脂、可可饼和可可粉，剩下的可可能作为化妆品的原料，还可用作动物饲料和酿酒等。

可可脂是可可豆中的天然脂肪，它不会升高人体的胆固醇含量，并使巧克力具有独特的平滑感和入口即化的特性。研究表明，可可脂尽管有着很高的饱和脂肪含量，但不会像其他饱和脂肪那样升高人体胆固醇。这是因为它有很高的硬脂酸含量。硬脂酸是可可脂中的主要脂肪酸之一，它可以降低血液中的胆固醇含量。

可可粉味又香又略苦，与茶和咖啡并称"三大不含酒精的饮料"。巧克力已经成为最高级宴会、庆典、节庆的主角。巧克力的价值也因此无与伦比。

可可喜温暖湿润的气候，载植后四五年开始结果实，10年以后收获量大增，到40年至50年以后则产量逐渐减少。一株可可树长成需要10年的时间，而一株成熟的树一年可以开出10万朵花，但只有少数的花可以结出果实。所以，可可被称为"树上的黄金"。

延 伸 阅 读

可可定名很晚，直至18世纪才被瑞典的博学家林奈命名为"可可树"。后来，由于巧克力和可可粉在运动场上成为最重要的能量补充剂，发挥了巨大的作用，人们便把可可树誉为"神粮树"，把可可饮料誉为"神仙饮料"。

见血封喉的箭毒木

在两个世纪前，爪哇有个酋长用涂有一种树的汁液的针，刺扎"犯人"的胸部作实验，不一会儿，这个"犯人"就窒息而死了，从此这种树闻名全世界。

我国给这种树取名"见血封喉"，表现出箭毒木毒性的猛烈。它的毒性远远超过有剧毒的巴豆和苦杏仁等，因此被人们称作世界上最毒的树木。

箭毒木是一种落叶乔木，树干粗壮高大，一般高25米至30米。树皮很厚，既能开花，也会结

果；果实是肉质的，成熟时呈紫红色。

箭毒木主要生长在云南省西双版纳海拔1000米以下的常绿林中，是国家三级保护植物。

箭毒木的意思是，这种树的树汁可作箭毒，涂在箭头上可射死野兽。

在箭毒木的树皮、枝条、叶子中有一种白色的乳汁，毒性很大。

这种毒汁如果进入眼睛，眼睛立即失明。它的树枝燃烧时放出的烟气，熏入眼中，也会造成失明。

用箭毒木树汁制成的毒箭射中野兽，3秒钟之内能使野兽血液迅速凝固，血管封闭，以至窒息死亡，这就是人们又称它为"见血封喉"的原因。如果人被这种毒箭射伤，也会死亡。

在海南省许多地方也生长有这种树木，但当地的村民称之为"鬼树"，不敢去触碰它、砍伐它，生怕有生命危险。

善良的人们常会在箭毒木树下围放或种植带刺的灌木丛，不让人畜接触它。

在植物园或森林公园若有此树，更要示牌提醒人们不要去碰它，以免发生意外。

尽管箭毒木说起来是那样的可怕，但也有很可爱的一面：树皮特别厚，富含细长柔韧的纤维，云南省西双版纳的少数民族常巧妙地利用它制作褥垫、衣服或筒裙。

　　取长度适宜的一段树干，用小木棒翻来覆去地均匀敲打，当树皮与木质层分离时，就像蛇蜕皮一样取下整段树皮，然后放入水中浸泡一个月左右，再放到清水中边敲打边冲洗，这样就能去除去毒液，脱去胶质，再晒干就会得到一块洁白、厚实、柔软的纤维层。

　　用箭毒木树皮纤维制作的褥垫，既舒适又耐用，睡上几十年

还具有很好的弹性；用它制作的衣服或筒裙，既轻柔又保暖，深受当地居民喜爱。

另外，箭毒木的毒液成分是见血封喉甙，具有加速心律、增加心血输出量的作用，在医药学上有研究价值和开发价值。

延 伸 阅 读

箭毒木傣语称为"埋广"，其树型高大，枝叶四季常青，树汁有剧毒，是自然界中毒性最大的乔木，有"林中毒王"之称。树液由伤口进入人体内会引起中毒，主要症状有肌肉松弛、心跳减缓，最后心跳停止而死亡。

"世界油王"油棕

　　油棕是多年生单子叶植物，是热带木本油料作物，植株高大，不分枝，圆柱状。油棕的果肉、果仁含油丰富，有"世界油王"之称。

　　油棕的外形很像个大椰子，因此又名油椰子，它的故乡在非洲西部。多年前，它一直默默无闻地生长在那里的热带雨林中，

不被人们所了解。直至20世纪初，才被人们发现和重视，如今已是世界绿色油库中的一颗明星，成了非洲人的摇钱树。

油棕的果实成串地生长在坚硬且边缘有刺的叶柄里面，近似椭圆形，表皮光滑，刚长出来时是绿色或深褐色，大小如蚕豆，成熟时逐渐变成黄色或红色，比鸽卵稍大。

油棕喜高温、湿润、强光照环境和肥沃的土壤。年平均温度24～27℃，年降雨量2000～3000毫米，分布均匀，每天日照5小时以上的地区最为理想。

油棕一般亩产棕油可达200千克左右，产量比花生油高五六倍。油棕高达10米多，四季开花，花果并存，每个大穗可以结果1000个至3000个，团成球状，最大的果实重达20千克，果肉、果仁可达15千克，含油率在10%左右。

油棕油也泛称棕油或棕榈油，是一种棕红色的非干性油脂，是从油棕果实中榨出的油，含有大量的胡萝卜素、维生素E和微量胆固醇，是一种优质的食用油，可以精制成高级奶油、巧克力糖。而且燃点较低，用它炸出来的土豆和方便面等食品，不仅清香酥脆，美味可口，而且能长期贮藏，所以热带地区人民很早以前就把它视为上等的食用油脂。

　　棕油精炼后，清如水，滑如脂，不仅可以药用和食用，而且是机械工业和航空运输业必不可少的高级润滑油，还是一种很好的钢铁板防锈剂和焊接剂。

　　此外，油棕的原油还用来制造肥皂、化妆品等，也是纺织业、制革业、铁皮镀锡的辅助剂等。油棕仁可生产酱油和人造奶油，油棕壳可生产活性炭。

棕仁的碎渣是很好的饲料和肥料。脱果后的空果穗可制作牛皮纸、肥料、燃料，并可以培养草菇等。未成熟的花序割开后流出的汁液，可以酿酒、做糖和制饮料。成熟的油棕果采摘下来后，加糖或盐煮熟后即可食用。

延 伸 阅 读

山茶，俗称苦茶、白花茶，是世界四大木本油料树种之一，是我国特有的一种纯天然高级油料树种，树龄可以达百年以上。山茶油可以作为烹调油，加工后也可用于美容和保健。山茶籽油极其珍贵，被专家称为"油中之王"。

会发光的灯笼树

　　灯笼树是栾树的别名，树形端正，枝叶茂密而秀丽，春季嫩叶多为红叶，夏季黄花满树，秋季叶色变黄，果实紫红。灯笼树是一种落叶小乔木，生长在我国长江以南各地山区。它的花像一只只挂在树梢的小灯笼，灯笼树的名字正来源于此。由于它夜间还有发光的本领，使得这个名字更加名副其实。

　　每逢晴天的夜晚，灯笼树就会发出荧光点点，恰似高悬着的

千万盏小灯笼，为过往的行人照明。为什么灯笼树会发光呢？那是因为灯笼树具有吸收土壤里磷元素的本领。

灯笼树通过植物光合作用的光反应，把这些磷元素从根部运输上来，分布在树叶上。到了夜晚，灯笼树又通过光合作用中的暗反应，从它的叶子上散发出少量磷化氢气体，聚集在一起。这些气体燃点很低，在空气中引发自燃，而发出淡蓝色火焰，即温度很低的冷光。在晴朗无风的夜晚，这些冷光聚集起来，就像山间的一盏盏路灯。

除了我国的灯笼树外，在国外也有一些会发光的树。在美洲中部的巴拿马生长着一种怪树，结出的果实酷似一根根奇特的蜡烛，当地居民把它摘下来带回家，晚上点着了用来照明，所以人们叫它"蜡烛树"，称它的果实为"天然的蜡烛"。

经化验分析，蜡烛树的果实里含有60%的油脂，因此点燃后能如同蜡烛一样，发出均匀而柔和的亮光，而且没有黑烟，甚至比普通蜡烛还好用。

非洲生长的一种会发光的树，名叫照明树或魔树。白天看上去它与一般普通的树没有什么两样，一到了夜晚，从树干到树枝都发出明亮的荧光，把树的周围照得雪亮，远远望去犹如"火树银花"，非常好看。夜晚，当地居民可以在树下看书读报，甚至

还能做精细的针线活呢！

　　魔树的发光奥秘在哪里呢？当地的科学家经过研究发现，魔树的树皮里含有大量的磷，当磷与氧接触时，只要温度适宜便会发出亮光。

延 伸 阅 读

　　在我国贵州省生长着一种珍奇的夜光树。这种树干粗、枝多、叶茂，每当夜晚来临时，它的叶片边缘发出小半圈荧光，好似上弦月的弧影，因此当地的水族人民叫它"月亮树"。

秋天变红的树叶

　　红叶是秋天的宠物。每至深秋，那朝霞一般斑斓夺目的红叶给秋色增添了无限魅力。古往今来，人们习惯于把美丽的枫叶与金色的秋天紧紧地联系在一起。

　　其实，植物界中到了秋天叶子变成红色的，除枫树外还有许

多种类，最常见的有槭树、乌桕、野漆树、盐肤木、卫予、爬山虎、黄栌、丝棉木、连香树、黄连木、檫树等。

北京香山的红叶主要是黄栌。黄栌又称栌木，初为绿色，入秋之后渐变红色，尤其是深秋时节，整个叶片变得火红，极为美丽。黄栌花小而杂性，黄绿色，花开时满树小花长着粉红色的羽毛，远远望去犹如烟雾缭绕别有风趣，所以欧洲人称它为"烟雾树"。

枫树是我国一类著名的红叶树种。真正的枫树，即枫香，为落叶大乔木，是南方的主要红叶树种。江南胜景江苏省南京栖霞山的红叶主要是枫香树。每当叶红之际层林尽染，赏秋游人纷至沓来。相传，此山因深秋时节满山红叶，色如丹霞栖息在山上，"栖霞"由此得名。

在我国北方，人们常见到的红枫、五角枫等并非真正的枫树，它们实际上是槭树科的树种。槭树科是个大家族，广泛分布于东亚、北美、欧洲和非洲，其中以鸡爪槭、茶条槭、元宝槭、色木槭等树种的红叶最为著名。与枫香树比，槭树的叶子红得更加透彻强烈。

树木的叶子为什么秋天会变红呢？原来绿色植物的叶片里含有多种色素，这就是叶绿素、叶黄素、胡萝卜素、类胡萝卜素和花青素等。在植物的生长季节中，由于叶绿素在叶片中占有优势，所以叶片保持着鲜绿的颜色。

到了秋季，气温下降，叶绿素合成受阻，遭到的破坏则与日俱增，所以含叶黄素、胡萝卜素多的叶片就呈黄色。红叶树种此时在叶片中产生了一种叫花色素苷的红色素，所以叶片呈现出美

丽的红色。

在自然界中还有一些植物如紫叶李、红苋等，它们的叶子在生长季节中始终都是红的，这是由于红色素在这些植物叶片中常年都占据优势的缘故。

延 伸 阅 读

在广东省汕头市有一种树，因其果实红艳，树形如团团火炬，被称为"火炬树"，其果实9月成熟后经久不落。火炬树每年呈现3种色彩：春季开白花，夏季浑身绿叶绿果，秋冬挂红果，是一种十分珍贵的景观植物。

昆虫传播花粉的方法

　　有花植物在植物界如此繁荣，与花的结构和昆虫传粉是分不开的。

　　虫媒花在利用美丽的花被、芳香的气味、甜美的蜜汁招引昆虫的同时，在形态结构上也和传粉的昆虫形成了互为适应的关

系。如马兜铃科的马兜铃的花筒很长，雌蕊、雄蕊和蜜腺都在花筒的基部，花筒上部具有斜向基部的毛。它的雌蕊比雄蕊先成熟两三天。当雌蕊成熟时，小虫顺着毛爬进花筒基部去吸蜜，等到吸饱蜜汁试图退出时，因为花筒里的毛都向下生长，小虫一时出不来就到处乱爬，这样一来虫体上所携带的其他马兜铃花的花粉就粘在这朵花的柱头上，完成了异花传粉。

经过两三天，雄蕊成熟了，小虫仍在花中乱钻，散出的花粉又粘在小虫子的身上。当花筒内的毛萎缩，小虫满载花粉爬出来后，又飞向另一朵马兜铃花里去给它传送花粉。

玄参科的金鱼草，也叫龙头花，它是唇形花冠，上下唇老是互相扣紧闭合着。雌蕊、雄蕊和蜜腺都闭锁在花筒里面，在这样的一种结构下，如果昆虫太小，就不能拨开下唇进入花内。如果昆虫太大，虽然拨开下唇也不能进入里面。只有像蜜蜂这样的中等昆虫，既能拨开下唇，又能进入花冠筒内。

当蜜蜂探身进入花冠筒时，它的背部就接触到了花药和柱头，由于花药在两侧，柱头在中央，因此同一朵花的花粉不会被蜜蜂带到自己的柱头上，而蜜蜂背部带来的其他金鱼草花的花粉正好触在这朵花的柱头上，完成了异花传粉。

　　热带有一种兰花，它的下唇花瓣很像一个浴盆，里面常贮满清水。浴盆内有一条狭窄的甬道，甬道的顶部生有雄蕊和雌蕊。当黄蜂钻进花内吸蜜时，一失足就会跌入浴盆内。

　　当它湿淋淋地爬起来挣脱逃走时，只能从甬道爬出来，这样黄蜂就把从其他兰花里带来的花粉，涂抹在这朵花的雌蕊上，同时又把这朵花的花粉带了出去。

不同种类的昆虫为特定的开花植物传送花粉，同时又以这些植物的花粉作为自己的营养物质。在这种互利互惠、相互适应的过程中，它们各自的种族都得以繁衍。

延 伸 阅 读

两性花的花粉，落到同一朵花的雌蕊柱头上的过程，叫做自花传粉，也叫自交。自花传粉的植物必然是两性花，而且一朵花中的雌蕊与雄蕊必须同时成熟。自然界中自花传粉的植物比较少。

花儿的芳香之谜

在自然界中，有很多植物的花都是芳香的。那花儿为什么是香的呢？

原来，在花卉的叶子里含有叶绿素。叶绿素在阳光照射下，进行光合作用的时候，产生了一种芳香油，它贮藏在花朵里边。这种芳香油极易挥发，当花开的时候，芳香油就随着水分挥发而散发出香味来，这就是我们闻到的花香了。

各种花卉由于所含的芳香油不同，所散发出来的香味也不一

样：有的浓郁，有的淡雅。

　　一般来说花香的浓淡和开花的地点有着密切的关系。生长在热带的花卉，香气大都浓而烈；而生长在寒带的花卉，香气多是淡而雅。

　　另外，通常花的颜色越浅，香味越浓烈；颜色越深，香味越清淡。白色和淡黄色花的香味最浓，其次是紫色和黄色的花，浅蓝色花的香味最淡。

　　有些花在阳光照耀下香味会更浓，比如向日葵；有些花则在阴雨天或晚上才发出强烈的香气，比如夜来香和栀子花。

　　为什么会有如此差别呢？这是因为各种植物的花朵散发不同

香味是它自身的需要。一句话，它们都是为了传种接代的需要，都是适应环境的结果。

香味可以把昆虫吸引过来，昆虫在花蕊上起到了传播花粉的作用，达到授粉、结籽、传代的目的。

不少人以为是花都是香气四溢的，其实并非如此。在20多万种的开花植物中，能散发香味的花只占一小部分，据统计在自然界里将近80%的花并不香，少部分的花还有臭味。

在我们日常生活中，人和花香的关系是极为密切的。人们吃的冰棍、糖果，喝的汽水、果汁，用的牙膏、香皂和各种化妆品，样样离不开香精。

要从花卉的花、叶、茎、根、籽里面提取出具有不同香味的物质，那可不是一件容易的事情。在国际市场上，要用1700克的

黄金才能买回1000克的玫瑰精油，可见其价格是多么昂贵。

玫瑰精油不仅是香料工业中不可缺少的宝贵原料，在其他制造工业中也被广泛地应用。

随着科学技术的不断发展，人们在揭开花香的秘密之后，已经试制成功人造香料了。

延 伸 阅 读

我国兰花具有令人难以捉摸的阵阵幽香，伴随着端庄的花容，素雅的风姿，充分体现了东方特有的风格。它不以艳丽的色彩，而以宜人的幽香，被人们所喜爱，还把它誉为"国香"，"香祖"，"王者之香"，"天下第一香"。

花开花落的时间差异

　　花开花落是植物生长的一种自然规律，那为什么有的花喜欢白天开放，有的花则愿意在夜间盛开，又有的花是昼开夜合呢？

　　在常见的植物中，大都是在白天开花。这是因为在阳光下，清晨，花的表皮细胞内的膨胀压大，上表皮细胞生长得快，于是花瓣便向外弯曲，花朵盛开。

　　白天，在阳光下花瓣内的芳香油易于挥发，能吸引许多昆虫前来采蜜，为它们传粉，有利于植物的结籽和传宗接代。

　　白天开花的植物，主要是依靠蜜蜂和蝴蝶进行传粉的。蜜蜂"上工"最早，那些靠蜜蜂传粉的花便先敞开花朵来欢迎它，如唇形科的一串红和玄参科的金鱼草等；蝴蝶要到上午9时以后才翩翩起舞，依靠蝴蝶传粉的花便在上午9时以后开放。

　　有很多花习惯在晚上开花，并且开的花一般是白色。常见的有夜来香、昙花、月光花、瓠瓜花、月见花、龟背竹等。

　　那么，为什么它们花偏偏喜欢在晚上开放，而花朵又多是白色的呢？

这些花之所以在晚上才开花，是因为它们惧怕白天强光的照射，因为晚上没有阳光，气温较低，蒸发量也小。

这些晚上才开的花，大多数都会散发扑鼻的芬芳。因为晚上太黑，小昆虫看不见它们，它们就靠香味引诱晚上出没的蛾类前来传播花粉，繁殖后代。

植物在夜里开的花，最初也是颜色多样的，但由于白花在夜里的反光率最高，最容易被昆虫发现，为其做媒传授花粉。因此，在长期的发展演化过程中，夜里开白花的植物被保存了下来，而夜里开红花、蓝花的植物，因不易被昆虫发现并为其传授花粉，而失去了繁衍后代的机会，逐渐被淘汰了。

植物中还有的花是白天盛开，而夜里又闭合起来。如睡莲、郁金香，它们的花白天竞相开放，而当夜幕降临时，便闭合起来，到第二天又继续开放，这又是为什么呢？

花的昼开夜合现象是植物的睡眠运动引起的。这种运动的产生，一种是因温度变化引起的，晚上温度低时它便闭合起来，如果把已经闭合的花移到温暖的地方，3分钟至5分钟后便会重新开放；另一种是由于光线强弱的变化引起的，如花在强光下开放，弱光下闭合。

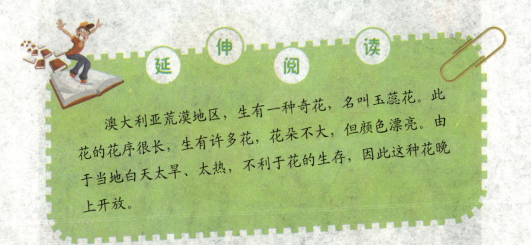

延 伸 阅 读

　　澳大利亚荒漠地区，生有一种奇花，名叫玉蕊花。此花的花序很长，生有许多花，花朵不大，但颜色漂亮。由于当地白天太旱、太热，不利于花的生存，因此这种花晚上开放。

"昙花一现" 的奥秘

昙花别名"琼花""月下美人"。昙花枝叶翠绿，颇为潇洒，开花时清香四溢，光彩夺目；犹如大片飞雪，甚为壮观。昙花的开花季节一般在6月至10月，开花的时间一般在晚上20时以后，盛开的时间只有三四个小时，非常短促。

昙花开放时，花筒慢慢翘起，绛紫色的外衣慢慢打开，然后

由20多片花瓣组成的洁白如雪
的大花朵开始怒放。

开放时，昙花花瓣和花
蕊都在颤动，艳丽动人。
可是只三四个小时后，花
冠闭合，花朵很快就凋谢
了，真可谓昙花一现！

这奇异的开花特性是由于
它的原产地的气候与地理特点
造成的。它生长在美洲墨西哥
至巴西的热带沙漠中，那里的
气候又干又热，但到晚上就凉
快多了。

昙花晚上开花，可
以避开强烈的阳光曝
晒；缩短开花时间，又可以大大减少水分的损失，有利于它的生
存，使它生命得到延续。天长日久，昙花在夜间短时间开花的特
性就逐渐形成，代代相传至今了。

如今，人们可以想办法促使昙花在白天开花，花卉园艺学家
采用偷天换日、颠倒昼夜的办法进行干预。在其花蕾长至0.1米
时，每天上午7时把整棵昙花搬进暗室里，造成无光亮的环境。
到晚上20时至21时，用100瓦至200瓦的电灯进行人工照射。

这样处理7天至10天后，昙花就能在白天（即上午7时至9点）

开放了，并从上午一直开放至下午17时，才完全闭合。

值得引起大家注意的是，一般人都错把昙花的茎枝当叶子了。其实，它并没有叶子。人们看到的所谓"叶子"，实际上是它的叶状变态茎，并不是叶，呈绿色，含有叶绿素，可以代替叶进行光合作用。正因为如此，昙花没有叶子，可以进一步减少体内水分的蒸发，以适应热带干旱沙漠地区的生存环境。

至于昙花在开后三四个小时即谢，这是由于开花时全部花瓣都张开，容易散失水分，而根从沙土中吸收的水分有限，不能长期维持花瓣胞膨压所需要的水分，在水分不足情况下，花就闭合，花瓣也很快凋谢了。

另一方面，在墨西哥沙漠中，昼夜温差较大，昙花在晚上20

时以后才开花，可能也与当地的温度有关，晚上20时以前的高温和半夜后的低温对开花都不利。它在晚上20时开花三四个小时，避开了高温和低温的气候，这样对它开花最有利。

延 伸 阅 读

昙花是附生仙人掌类，茎稍木质，扁平状，有叉状分枝，老枝圆柱形，新枝长椭圆形，边缘波状无刺；花大型，生于叶状枝的边缘；花萼筒状、红色，花重瓣、纯白色，花瓣披针形；花晚间开放，至次日凌晨凋谢。

有毒植物之王罂粟

罂粟是一种花朵十分艳丽的草本植物，原产于地中海东部山区、小亚细亚、埃及、伊朗、土耳其等地，公元7世纪时由波斯地区传入中国。

罂粟为一年生或两年生草本植物，茎直立，高0.6～1.5米。叶片长卵形成狭长椭圆形，长0.06～0.3米，宽0.035～0.2米，花顶生，具长梗，花茎长0.12～0.14米；蒴果卵状球形或椭圆形，熟时黄褐色。花期4～6月，果期6～8月。

罂粟的种子罂粟籽是重要的食物产品，其中含有对健康有益的油脂，广泛应用于世界各地的沙拉中，而罂粟花绚烂华美，是一种很有价值的观赏植物。

人们即使一次吃下

整株罂粟，也不会像吃几小片钩吻嫩叶那样命归西天，但在世界上已知的有毒植物中，它的名气却最大。这是因为在罂粟未成熟果实的果皮内，含有一种与众不同的乳汁。这种乳汁暴露在空气中后，很快就会变黑、凝固，形成大名鼎鼎的鸦片。

鸦片是一种效果十分明显的镇痛麻醉药，使许多在战争中受伤的士兵解除了痛苦。

由于金钱的诱惑，一些人开始利用服用鸦片时带来的暂时快感和较强的成瘾性，推销非医疗用途的鸦片制品，使服用者深受其害。

随着鸦片的滥用，罂粟这种原本有益的植物也逐渐成了人类的公敌。而用作原料制成的毒品海洛因，终于把罂粟推上了"有毒植物之王"的宝座。

人类的祖先很早就认识了罂粟。考古学家说，罂粟是新石器时代的人们在地中海东海岸的群山中游历时偶然发现的。5000多年前的苏美尔人曾虔诚地把它称为"快乐植物"，认为是神灵的赐予。古埃及人也曾把它当做治疗婴儿夜哭症的灵药。公元前3世纪，古希腊和罗马的书籍中就出现了对罂粟的详细描述。

大诗人荷马称它为"忘忧草"，维吉尔称它为"催眠药"，有的奴隶主还种植了一些罂粟，当然只是为了欣赏它美丽的花朵。当历史的车轮驶进19世纪的时候，人们终于发现了罂粟竟是悬在人类头上的一把剑。因为它在为人们治疗疾病的时候，在让人们忘却痛苦和恐惧的时候，也能使人的生命在麻醉中枯萎，在迷幻中毁灭。

可悲的是，人类的自私与贪婪又一次战胜了理性与道义。早期的殖民者在禁绝本国人民吸食鸦片的同时，却把灾难引向了整个人类。

19世纪中后期，早已在本国禁烟的大英帝国，在其殖民地缅

甸，发现了一个种植鸦片的好地方。从此，在世界的版图上逐渐形成了一个被后人称作"金三角"的地方。"金三角"位于缅甸、泰国、老挝三国交界处，其大部分位于缅甸掸邦东部。

1852年，大英帝国发动了第二次英缅战争，占领了缅甸。他们很快发现缅北山区适合种植罂粟，于是，英国殖民者在"金三角"强迫当地的土著人种植罂粟，提炼鸦片，然后把它销往其他国家。

延 伸 阅 读

在古埃及，罂粟被称为"神花"。古希腊人为了表示对罂粟的赞美，让执掌农业的司谷女神手拿一枝罂粟花。古希腊神话中也流传着罂粟的故事，有一个统管死亡的魔鬼之神的儿子，手里拿着罂粟果，守护着酣睡的父亲。

"花中之王"牡丹

牡丹花花色鲜艳，花姿典雅，花形端庄，是我国传统名花中最负盛名的。牡丹为多年生落叶小灌木，株高多在0.5～2米之间；枝干直立而脆，圆形，为从根茎处丛生数枝而成灌木状，当年生枝光滑、健壮，黄褐色；叶片通常为二回三出复叶，枝上部常为单叶，小叶片有披针、卵圆、椭圆等形状。花单生于当年枝顶，两性，花大色艳，形美多姿，花径0.1～0.3米；花的颜色有白、黄、粉、红、紫红、紫、墨紫、雪青、绿、复色十大类。

它的品种有红牡丹、紫牡丹、白牡丹、黄牡

丹，还有罕见的黑牡丹、绿牡丹。牡丹典雅富丽，冠绝众香，古人曾赞美它"唯有牡丹真国色，花开时节动京城"。

牡丹不仅有观赏价值，而且还具有很高的药用价值。将牡丹的根加工制成"丹皮"，是名贵的中草药，有散瘀血、清血、和血、止痛作用，还有降低血压、抗菌消炎之功效，久服可益身延寿。所以说牡丹不愧为"花中之王"。

牡丹原产于我国西部秦岭和大巴山一带山区，汉中是我国最早人工栽培牡丹的地方。它喜凉恶热，宜燥惧湿，可耐零下30摄氏度的低温，在年平均相对湿度45%左右的地区可正常生长。

牡丹不仅是我国人民喜爱的花卉，而且也受到世界各国人民的珍爱。日本、法国、英国、美国、意大利、澳大利亚、新加坡、朝鲜、荷兰、加拿大等20多个国家均有牡丹栽培。其中以日、法、英、美等国的牡丹园艺品种和栽培数量为最多。

其实，海外牡丹园艺品种，最初均来自我国。早在724年至749年，牡丹传入日本，据说是由空海和尚带去的。

1330年至1851年间，法国对引进的我国牡丹进行大量繁育，培育出许多园艺品种。

1656年，荷兰东印度公司将牡丹引入荷兰，1789年，英国丘园引进牡丹，从而使我国牡丹在欧洲传播开来。

美国于1820年至1830年才从我国引进牡丹品种和野生种，后来培育一种黑色花牡丹品种。

英国丘园是收集世界牡丹品种较多的专类园之一，种植了我国的许多古老的花卉品种和当今世界各国新育出的众多花卉品种。

　　海外牡丹栽培面积最广、数量最多的国家是日本，日本人对牡丹的珍爱仅次于我国。所以，日本众多的城镇都广植牡丹，如东京的阿部牡丹园。

延　伸　阅　读

　　历史上，古都河南省洛阳的牡丹最多、最好，有两个传统名种，一个开黄花的名为姚黄，另一个开紫花的名为魏紫，一直流传至今天。"洛阳牡丹天下无"，牡丹已被洛阳市定为市花，每年4月11日至5月5日为"洛阳牡丹花会节"。

臭不可闻的大王花

　　世界上最大的花是生长在印尼苏门答腊的热带森林里的一种寄生植物，即大花草。大花草一般寄生在别的植物的根上，其样子很特别，没有茎也没有叶，一生只开一朵花。

　　大花草的这一朵花特别大，最大的直径是1.4米，普通的也有1米左右。其质量最重的有10千克。因此，大花草长的花又叫大

王花，可以算得上是世界上最大的花了。

　　大王花盛开的时候为红褐色，上面有许多斑点，花的中央部分有一个圆口大凹槽，像一个大脸盆，外面有5片厚而坚韧的大花瓣，每个花瓣有一寸半厚，含有很多浆汁，花的重量可达六七千克。花心中央有个空洞，里面可以装上好几千克的水。

　　大王花的花虽然很大，但它的种子比罂粟的种子还小。种子萌发时体积膨大，穿破种子的外皮，长出形状像洋白菜一样的芽。发芽过一个月后花便开放，并且花期只有4天。短短的4天一过，大王花就开始凋谢了，它凋谢的标志是大的花瓣片开始脱落。在几周内，其他的裂片也迅速脱落，颜色变黑，最后变成一滩黏稠的黑色物质，受了粉的雌性花，在以后的7个月内逐渐形成一个半腐烂状的果实。

令人奇怪的是，这种举世无双的花朵，刚开的时候还有一点香气，可过不了几天就臭不可闻，与它那雍容华贵的外表不相匹配。这种花像粪便一样臭，比起"天下第一香"的兰花来，真是相差十万八千里。蝴蝶、蜜蜂都不愿理睬它。

花粉散发出来的恶臭招来许多苍蝇，这些苍蝇便成了大王花的主要授粉者。松鼠对它的花粉也很感兴趣，常常从一个花药舔到另一个花药。

大王花不但臭，而且"懒"，专靠吸取别的植物的营养来生活，所以它没有叶子，也没有茎。它的种子传播也有点懒气，小种子带黏性，当大象或其他动物踩上它时，它就会被带到别的地

方生根、发芽，进行繁殖。

　　遗憾的是，由于没有人知道大花草的繁殖方法，所以只能依赖自然传播，再加上此花拥有药用价值，常被采割，因此没有良好的保护导致大花草正在逐渐减少。

延 伸 阅 读

　　大王花仅分布在苏门答腊和婆罗洲，由于当地大片雨林遭到破坏，现已濒于灭绝。在1818年，英国探险家拉弗尔斯和他的同伴阿诺尔蒂，在印尼的苏门答腊发现大王花。大王花生存率很低，目前大王花已成为马来西亚沙巴的象征。

朝着太阳转的葵花

　　早晨,旭日东升,它笑脸相迎;中午,太阳高悬头顶,它仰面相向;傍晚,夕阳西下,它转首凝望。它每天从东向西,始终追随着太阳。难怪人们叫它向日葵、转日莲和朝阳花。

　　葵花为什么总是向着太阳转呢? 早在90多年前,英国生物学家达尔文就对这种现象产生了兴趣。

　　他发现,种在室内的花草,幼苗出土以后,它的叶子总是朝着窗外探,去沐浴那温暖的阳光。

　　如果把花盆的位置移动一下,叶子又会很快地转过头来,继续探向窗外。他把幼苗的顶芽剪去一小块,幼苗虽然还会朝上长,却再也不会

转向太阳了。于是达尔文断定，幼苗的顶端肯定有一种奇怪的东西，能使幼苗转向太阳。

这究竟是什么东西呢？达尔文还没研究出来就去世了。

科学家们继续研究，终于在幼苗顶端找到一种能刺激细胞生长的东西，这就是植物生长素。植物生长素非常微小，从700万个玉米顶芽中提取出来的生长素，也只有一根0.26米长的头发那么重。

然而，植物生长素十分有趣，阳光照到哪里，它就从那里溜掉，好像有意与太阳捉迷藏似的。

早晨，葵花的花盘朝东，生长素就从向阳的一面溜到背阳的一面，帮助那里的细胞分裂或增长。结果，花盘和茎部背阳的部分长得快，拉长了；向阳的一面长得慢，于是植棵就弯曲起来。

葵花的花盘就这样朝着太阳打转了。

然而，近年来美国的植物生理学家根据这个解释，对葵花做了测定。他们发现不管太阳来自何方，在葵花的花盘基部，向阳和背阳处的生长素都基本相等。因而葵花向阳与植物生长素的含量多少是没有关系的。那么，葵花为什么总朝向太阳呢？

在葵花的大花盘四周，有一圈金黄色的舌状小花，中间是管状小花。管状小花中含的纤维很丰富，受到阳光照射后，温度升

高了，基部的纤维会发生收缩。这一收缩就使花盘能主动转换方向来接受阳光，特别是在阳光强烈的夏天，这种现象更加明显。

　　由此可见，向日葵花盘的转动并不是由于光线的直接影响，而是由于阳光把花盘中的管状小花晒热了，温度上升使花盘向着太阳转动起来。

　　因此从这个意义上说，向日葵还可以称作"向热葵"。

延 伸 阅 读

　　有过种植太阳花经验的人都知道，太阳花在夜间、雨天、阴天就像被关在家里的寂寞孩子，看上去无聊而且无所事事，但只要太阳一出现，它就会马上活泼起来，立刻昂首挺胸，无比快乐。

千姿百态的菊花

　　菊花是我国十大名花之一，在我国有三千多年的栽培历史，大约在明末清初从我国传到欧洲。中国人极爱菊花，从宋朝起民间就有一年一度的菊花盛会。古神话传说中菊花又被赋予了吉祥、长寿的含义。

　　菊花不仅类型众多，而且形状优美、五彩缤纷。菊花的花瓣一层包着一层，一瓣贴着一瓣，有秩序地排列着。花序大小和形

状各有不同，有单瓣，有重瓣；有扁形，有球形；有长絮，有短絮，有平絮和卷絮；有空心和实心；有挺直的和下垂的，式样繁多，品种复杂。菊花的颜色千姿百态，有如水般的洁白的，有红里透黄的；说到黄色那就更鲜艳了，黄色的菊花花瓣像萝卜丝，又像妈妈漂亮的卷发，一丝丝往里弯曲着，好看极了。

　　菊花的形状千姿百态：有的如同无数只小青蛙吐出长长舌头，有的像小姑娘酷酷发型，有的像害羞的小姑娘却迟迟不肯露面，有的像久别重逢的亲人紧紧依偎在对方怀中，还有的像一把五颜六色的小扇子。菊花在自然界中的千姿百态，主要是自然环境的变化和人工杂交、驯化诱变的结果。

在自然界中，由于气候和土壤环境的变化，使菊花原来的花色发生了变化，形成一种新的花色，人们把它选择出来，通过无性繁殖保存下来，形成了新的品种。

人们还利用杂交、嫁接的方法，把很多不同品种菊花的枝条嫁接到一棵菊花上，使一棵菊花变成多个花色。

菊花还能治病。它晒干后可以泡茶，喝了可以起到清热解火、保护眼睛的作用；把菊花捣碎，敷在伤口上，可以止血；菊花作为中药，能疏风清热，抗衰老，抗肿瘤；菊花香还可以提神。

到了秋天，别的花都

凋谢了，唯独菊花开得轰轰烈烈，昂首挺胸地向秋风挑战。

　　菊花是花中的隐士，有着高洁的品质。它虽然没有牡丹花那么华丽，没有郁金香那么娇艳，但却有着独一无二的品质美，它散发出阵阵的清香，完美地衬托出自身高贵优雅的气质。

延　伸　阅　读

　　菊花是经长期人工选择培育的名贵观赏花卉，也称"艺菊"，品种达3000余种。早在一千八百年前的秦朝的首都咸阳，就曾经出现过菊花展销的盛大市场，可见栽培菊花时间之久远。

早晨开放的牵牛花

　　牵牛花是攀缘植物，当幼苗长出来的时候，在旁边插一根竹竿或者竖着拉一根绳子，几天以后，它就会缠绕在竹竿或绳子上，越缠越高。

　　仔细观察会发现，攀爬中的牵牛花，它的茎上本来凸出的部分，过一段时间就渐渐凹进去，同时它在做旋转的运动。原来牵牛花的身体里含有一种生长素，这种生长素有时能加速细胞的生长，有时又会阻止细胞生长。

　　这种生长素在牵牛花体内分布多少不同，就使茎各部分细胞生长

速度不一样。有的时候一边的生长素多了，这一边就长得快；有时另一边生长素多了，那一边就长得快。这样就使牵牛花的茎旋转生长，缠绕着竹竿和绳子向上爬去。

清晨，花园里牵牛花张开紫色、白色、红色的小喇叭迎着太阳，到中午时，它已经萎谢了。第二天，又一批花朵开了。牵牛花为什么早晨开花，中午就萎谢了呢？

生物的生活习性总是经过长时期的自然进化而形成的，但也受周围环境比如阳光、温度、湿度的影响。

早晨的空气湿润，阳光柔和，对牵牛花最为适宜，这时牵牛花花瓣的上表皮细胞比下表皮细胞生长得快，于是花瓣向外弯曲，于是花就开了。到了中午，阳光强烈、空气干燥，娇嫩的牵牛花朵缺少水分，只好萎谢了。

牵牛花有个俗名叫"勤娘子"，顾名思义，它是一种很勤劳的花。每当公鸡刚啼过头遍，绕篱萦架的牵牛花枝头，就开放出一朵朵喇叭似的花来。

晨曦中，人们一边呼吸着清新的空气，一边饱览着点缀于绿叶丛中的鲜花，真是别有一番情趣。

有的地方又叫它"喇叭花"，也有催人勤奋劳作之意。

牵牛花虽没有牡丹那样富丽，也没有菊花那样高雅，更没有兰花那样芳香，但它那种努力攀登的精神令人赞叹。它不择环境而生，不怕荆棘，到深秋时节枝蔓早已枯萎，但一朵朵"小喇叭"仍在顶部开放，不被西风吹落。

牵牛花生性强健，喜气候温和、光照充足、通风适度，对土

壤适应性强，较耐干旱盐碱，不怕高温酷暑，属深根性植物，土壤宜深厚，大苗不耐移植。种子为常用中药，黑色的叫"黑丑"，米黄色的叫"白丑"。入药多用黑丑，具有泻水利尿之功效，主治水肿腹胀、大小便不利等症。

延 伸 阅 读

牵牛花约有60多种，常见栽培的有裂叶牵牛、圆叶牵牛，大花牵牛。大花牵牛原产亚洲和非洲热带，本种在日本栽培最盛，称"朝颜花"。现在已经选育出多种园艺品种，花型变化多样，花色丰富多彩，各地广为流行。

除不尽的杂草

　　杂草危害农作物和经济作物，它们与作物争肥、争水、争光照，有些杂草还是作物病虫害的寄主，为其提供越冬的场所。

　　我国因遭受杂草的危害，每年损失粮食约200亿千克、棉花约500万担、油菜籽和花生约两亿千克。长期以来，杂草就是农业生产上的一大灾害。年年除杂草，岁岁杂草生。

　　为什么杂草有这样强的生命力呢？

首先，杂草有惊人的繁殖力。杂草不仅产籽多，而且种子的寿命长，可连续在土壤中多年不失发芽能力。稗子在水中可存活5年至10年，狗尾草可在土中休眠20年，马齿苋种子的寿命是100年。在阿根廷一个山洞里所发现的3000年前的苏菜种子仍能发芽。而一般作物种子的寿命不过几年，要想找一株隔年自生自长的庄稼，那是很困难的。

其次，杂草具有顽强的生命力。有些杂草耐旱、耐寒、耐盐碱；有些杂草能耐涝、耐贫瘠。严重的干旱能使大豆、棉花等许多作物干枯致死，而马唐、狗尾草等仍能开花结籽。

热带地区的杂草仙人掌，在室内风干6年之后还能生根发芽。凶猛的洪水能把水稻淹死，而稗草以及莎草科的一些杂草却安然

无恙。多数杂草都有强大的根系、坚韧的茎秆。多年生杂草的地下茎，具有很强的营养繁殖能力和再生力，折断的地下茎节，几乎都能再生成新棵。

同一棵杂草结的种子，落在地上不一定都能迅速发芽，有的春天发芽，有的夏季萌发，甚至还有的隔很多年以后再发芽。这种萌发期的参差不齐是杂草对不良环境条件的一种适应。

再次，杂草种子具有利用风、水流或人及动物的活动广泛传播的特性。蒲公英、刺菜、白茅等果实有毛，可随风云游。异型莎草、牛毛草和水稗的果实，能顺水漂荡。苍耳、猪殃殃、鬼针草、野胡萝卜等果实上的刺或棘刺等能牢牢地附着在人或鸟兽身上，借以散布到远处去。

　　美国政府为了护坡、护岸和扩大饲料来源，从日本引进了金银花和葛藤。后来，这些植物使大片森林受损，并迫使美国人向"绿魔"宣战。

　　在生存竞争的过程中，杂草确实比一般作物具有许多有利的条件，因而田间的杂草很难除净。

延 伸 阅 读

　　通过文化、贸易交流，杂草也会"免费"旅游全球。杂草到了新环境，一般说比在原产地生长得更旺盛。例如，无刺仙人掌被请到澳洲作为饲料用，但时隔不久，这位贵客仅在昆士兰一地就使一千多万公顷的土地变成了荒地。

羞答答的含羞草

　　含羞草是一种豆科草本植物，花为粉红色，形状似绒球，开花后结荚果，果实呈扁圆形。含羞草花多而清秀，楚楚动人，给人以文弱清秀的印象。

　　含羞草叶片为羽毛状复叶互生，呈掌状排列。它白天张开那羽毛一样的叶子，等到晚上就会自动合上。在白天轻轻碰它一下，它的叶子就像害羞了一样，悄悄合拢起来。

　　你碰得轻，它动得慢，一部分叶子合起来；你碰得重，它动得快，在不到10秒钟的时间里，所有的叶子都会合拢起来，而且叶柄也跟着下垂，就像一个羞羞答答的少女，所以人们管它叫"含羞草"。

　　大多数植物学家认为，这全靠它叶子的膨压作用。在含羞草叶柄的基部，有一个鼓鼓的薄壁细胞组织，名叫叶枕，里面充满了水分。

　　当你用手触动含羞草，它的叶子一振动，叶枕下部细胞里的水分，就立即向上或两侧流去。这样一来，叶枕下部就像泄了气的皮球一样瘪了下去，上部就像打足了气的皮球一样鼓了起来，叶柄也就下垂合拢了。

在含羞草的叶子受到刺激合拢的同时，会产生一种生物电，把刺激信息很快扩散给其他叶子，其他叶子也就跟着合拢起来。过了一会儿，当这次刺激消失以后，叶枕下部又逐渐充满水分，叶子就会重新张开，恢复到原来的样子。

但也有的科学家认为，含羞草之所以会运动，是与光敏素的作用分不开的。

含羞草的老家在巴西，那里经常有暴风雨。含羞草的枝干长得非常柔弱，为了适应这种不良环境，它在自然选择中培养了保护自己的本领。

每当在风雨到来之前，含羞草就把叶子收拢起来，叶柄低垂，这样一来，就不怕暴风雨的摧残了。

含羞草还是相当灵敏的"晴雨计"。人们利用它的这种怪脾气和本能，预测未来的晴雨。"含羞草害羞，天将阴雨。"这句谚语告诉我们，如果含羞草的叶片自然下垂合拢，或半开半闭，舒展无力，

出现害羞现象，就预兆着将有阴雨天气。

在正常天气里，含羞草一般不会自己害羞，但遇到人碰它的叶片时，叶片会很快地合拢，随即恢复原状，这是晴天的征兆。

延 伸 阅 读

当天气发生变化，含羞草本身对湿度反应很灵敏，加上小昆虫因为空气湿度大，只能贴近地面低飞，容易碰到含羞草的叶子上，含羞草叶片也会收拢，但恢复原状相当慢，反应迟钝，这预示着在一两天以内，天气将转阴有雨。

爬山虎的攀墙本领

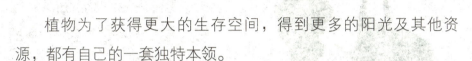

　　植物为了获得更大的生存空间，得到更多的阳光及其他资源，都有自己的一套独特本领。

　　夏天在大树干上或旧墙壁上常看到许多青绿的蔓，冬天只剩下一些光秃秃的藤条，这就是我们常说的爬山虎，又名爬墙虎。它的根、茎可入药，有清淤血、消肿毒之功效，果实可酿酒。

爬山虎属多年生大型落叶木质藤本植物，其形态与野葡萄藤相似。夏季开花，花小，黄绿色，浆果紫黑色。常攀缘在墙壁或岩石上，广见于我国各地。

爬山虎生命力相当顽强。它具有广泛的适应性和较强的抗逆性，能够在土层极其瘠薄、自然环境较为恶劣的地方生长繁衍，抢占地盘。哪怕生长在立交桥的角落里，少见阳光，常年得不到人工养护，仍能顽强生长，只是生长速度缓慢而已。

爬山虎与葡萄科其他植物不同，其他植物一般靠卷须攀援其他物体上升。爬山虎也有卷须，而且分枝多，卷须的顶端有圆而凹的吸盘，吸盘边缘可分泌黏液。当吸盘接触到墙壁时，黏液就会将吸盘密封起来，形成内外压力差后，吸盘就可产生吸力。多个吸盘能紧紧地吸住墙壁和树干，所以整个植物体便能飞墙走壁了。

老枝固定后，幼枝又继续往前生长，又长出新的卷须和吸盘。这样不停地固定和不停地生长，不到一两年爬山虎便长满墙壁了。

由于爬山虎的茎叶密集，覆盖在房屋墙面上，不仅可以遮挡强烈的阳光，而且由于叶片与墙面之间的空气流动，还可以降低室内温度。它作为屏障，既能吸收环境中的噪音，又能吸附飞扬的尘土。

爬山虎的卷须式吸盘还能吸去墙上的水分，有助于潮湿的房

屋变得干燥。而干燥的季节，又可以增加湿度。

爬山虎是垂直绿化的优选植物。垂直绿化又称攀缘绿化，是利用攀缘植物向建筑物或棚架攀附生长的一种绿化方式。

爬山虎是最常用也是最理想的攀缘植物，种植的时间长了，密集的绿叶覆盖了建筑物的外墙，就像给建筑物穿上了绿装。

春天，爬山虎长得郁郁葱葱；夏天，爬山虎开黄绿色小花；秋天，爬山虎的叶子变成橙黄色。这就使得建筑物的色彩富于变化。

延 伸 阅 读

爬山虎表皮有皮孔，夏季枝叶茂密，常攀缘在墙壁或岩石上，适于配植宅院墙壁、围墙、庭园入口处、桥头石堍等处。可用于绿化房屋墙壁、公园山石，既可美化环境，又能调节温度，是公共场所和家庭的理想装饰植物。

会跳舞的跳舞草

　　跳舞草也称"情草""无风自动草""舞草"，也有人戏称其为"风流草"，是一种多年生落叶灌木，野生种类主要分布在一些深山老林之中。

　　它的叶片两侧生有大量的线形小叶，这些小叶对声波非常敏感，在气温不低于22度时，特别是在阳光下，受到声波刺激时，会随之连续不断地上下摆动，犹如飞行中轻舞双翅的蝴蝶，又似

舞台上轻舒玉臂的少女，因此而得名。它似树非树，似草非草，地植高约1米，盆栽高约0.5米左右；茎呈圆柱状，光滑；各叶柄多为3枚叶片，顶生叶长0.06米至0.12米，侧生一对小叶长0.03米左右。

跳舞草对外界环境变化的反应能力令人惊叹不已。如果它播放一首优美的抒情乐曲，它便宛如亭亭玉立的女子，舒展衫袖情意绵绵地舞动。如果它播放杂乱无章、怪腔怪调的歌曲或大声吵闹，它便"罢舞"，不动也不转，似乎显现出极为反感的"情绪"。当在闷热的阴天，或在雨过天晴时，纵观全株，数十双叶片时而如情人般紧紧拥抱，时而又像蜻蜓翩翩飞舞，使人眼花缭乱，给人以清新、美妙、神秘的感受。

当夜幕降临时，它又将叶片竖贴于枝干，紧紧依偎着，真是植物界罕见的风流草。

跳舞草为什么会跳舞呢？科学家通过观察发现，跳舞草的跳舞行为与阳光有关系。如果把跳舞草移到黑暗的地方，它的动作就会慢慢减弱，以致停止；如再把它移回阳光下，它又开始舞起来了。此外，跳舞草的跳舞行为与温度也有关系。如果外界温度达至30度，西侧的小叶跳得最欢，而且舞步呈圆圈状；如气温低于或高于30度，它就跳得没有那么畅快，并且舞步呈椭圆形。

　　科学家们经过研究，进一步揭开了跳舞草跳舞的奥秘。

　　原来，跳舞草叶柄的叶座细胞在阳光和温度的刺激下，会收

缩或者舒张，由此导致了叶片的运动。这种运动有利于跳舞草本身的生存，可以减少阳光的直射面积，减少水分的蒸腾，防止昆虫等动物的危害。

这么说来，跳舞草跳舞并不是要给人欣赏的，而是出于它自己生存的需要。此外，跳舞草还具有药用保健价值，全株均可入药，具有祛瘀生新、舒筋活络之功效。叶片可治骨折，枝茎泡酒服，能强壮筋骨，治疗风湿骨痛。

延 伸 阅 读

在我国云南省西双版纳的原始森林里，有一种会"欣赏"音乐的小树，如果在它旁边播放的是轻音乐或抒情歌曲，小树的舞蹈动作就显得婀娜多姿；如果播放的是进行曲或嘈杂的音乐，小树就不舞动了。

竹子生命终结的征兆

竹子是禾本植物，不是树木，树木是实心的，而竹子与其他一些植物，如水稻、小麦、芦苇和芹菜等一样，茎的中心是空的。最初，这些植物也和别的植物一样是实心的，但是，后来在长期的进化过程中，它们却出现变化，茎渐渐变成了空心的。

空心茎比实心茎更有利于它们的生存。拿竹子来说，它从小长到大，茎的粗细没怎么变化，但是成熟后却长得特别高，最高的毛竹高达22米。俗语说："高尧者易折"，意思是说又细又高的物体容易折断。按说竹子又细

又高，很易折断，但是由于它的茎变成了空心，是一种"工"字型结构，能支撑较大的力量，使身体坚实挺直，不容易折断。

竹子的寿命很长，有的能活几十年甚至几百年。但是竹子最怕开花，因为只要一开花，这就预示它们的寿命就要结束了。每棵竹子，都是由地下茎长出的笋芽发育长成的，当它生长若干年以后，母竹的营养耗尽，就会开花枯死而长出新的竹子。

如果竹笋被挖得多了，或者被牲畜吃得多了，就会使原来的母竹贮存的营养过多，这时地面的竹子就会过早地发育成熟，因而不适时地开花死去。

另外，竹子在生长过程中需要很多水分，当天气干旱或者受到病虫害侵袭时，竹子得到的水分减少，身体里的营养物质就相对变多了，也容易开花而死去。

竹子开花，使养分被消耗尽，毛竹、梨竹等开花后地上和地下部分全部枯死斑竹、桂竹、雅竹等少数竹种开花后地上部分死亡，而地下部分的芽仍能复壮更新；水竹、花竹等开花后植株叶片仍保持绿色，地下部分也不枯死，不过应尽快砍去花枝，以减少营养消耗，从而保证竹林的正常生长。

由于竹子的种类不同，开花周期长短也不一样，这也是受遗传性的影响。有的竹子几十年才开花，如牡竹、版纳甜竹需要30年左右才开花，茨竹、马甲竹需要32年才开花，箣竹属有的种类

需要80多年才开花。有的竹子需要上百年才开花，如桂竹需要120年才开花。当然也有少数例外，如群蕊竹、线痕箣竹，一年左右开一次花；而唐竹、孝顺竹，则开花无规律性。

延 伸 阅 读

　　竹类植物的衰老周期因竹种而不同，其复壮周期，因环境条件而不同，只要增加复壮条件，加速复壮周期，就能改变衰老周期，延长竹子的寿命。竹子开花，花后结实，果实叫竹米。竹米营养丰富，可以磨粉做饼食用。